Hannes Etzlstorfer

Granit – Stein für die Ewigkeit

„Der Steynmetz"
Holzschnitt aus dem
16. Jahrhundert.

Hannes Etzlstorfer

GRANIT

STEIN FÜR DIE EWIGKEIT

Mit diesem Büchlein,
das wir für die Freunde
unseres Hauses gestaltet haben,
verbinden wir unseren Dank
für Vertrauen und gedeihliche
Zusammenarbeit.

Agrolinz Agrarchemikalien Ges.m.b.H.

Ein Unternehmen der
ÖMV Gruppe

Umschlag-Titelseite:
Bildstock bei Drautendorf

Umschlag-Rückseite:
Atlasträger am „Bauernhof aus Stein“, Wienau bei Weitersfelden

An der Herausgabe dieses Büchleins wirkten mit:

Redaktion: Mag. Erwin Mühlböck
Layout und Produktion: Hans Müller
Fotos: Franz Gangl, Hellmonsödt
Reproduktionen: Hofmüller Repro Ges.m.b.H., Linz
Satz: Werbeabteilung Chemie Linz Ges.m.b.H., Linz
Druck: Druckerei Rudolf Trauner Ges.m.b.H., Linz

ISBN 3-85214-588-0

Stein auf Stein aus endlos grauer Zeit,
Symbole einer kurzen Ewigkeit,
denn an dem Unermeßlichen gemessen
sind´s bloß Sekunden kaum gewesen,
seit diese Steine, wo sie ruhten,
entstiegen einst den Urweltgluten,
wie ja selbst die Zeit, die Welt, der Raum
im Grunde nur ein wirrer Traum.

Karl A. Wagner

Vom geologischen Standpunkt aus betrachtet gilt der Granit zweifellos als „Methusalem" unter den Gesteinsarten Österreichs. Hervorgegangen ist er aus dem Erstarrungsprozeß von Gesteinsschmelzen (Magma) des Erdinneren bei variierendem Druck und Temperatur. Durch das langsame Abkühlen entstanden dann auch jene Granite, die heute geologisch die Böhmische Masse bilden. Für den ältesten Granit im Mühlviertel, den grobkörnigen Weinsberger Granit, wird beispielsweise ein Durchschnittsalter von 380 bis 400 Millionen Jahren ermittelt. Die gute Spaltbarkeit, die hohe Festigkeit sowie die optimale Polierbarkeit eröffnen eine vielfältige Verwendungsmöglichkeit des Granits als Gebrauchsstein und als behauener Bau- und Dekorstein.

So wie der Adneter Marmor etwa die Salzburger Kulturlandschaft und die weiße Nagelfluh die Traun-Enns-Region prägt, so formt auch der Granit in vielerlei Hinsicht seine Umgebung – vor allem das Mühl- und Waldviertel. Die Bewohner dieser herben Natur- und Kulturlandschaft scheinen sich Charaktereigenschaften des Granits zu eigen gemacht zu haben: Festigkeit und Beständigkeit. Ein weniger günstiges Licht auf diese Wesensverwandtschaft wirft der sprichwörtliche „Stoanschädl“ so mancher Mühlviertler ... durch Härte und unfruchtbare Leblosigkeit können Fels und Stein demnach auch zu Symbolen der Herzenshärte und Unfruchtbarkeit werden. Adalbert Stifter, der mit seiner Erzählung „Granit“ (aus den „Bunten Steinen“, 1853) dem Gestein seiner südböhmischen Heimat ein literarisches Denkmal zu setzen wußte, streicht darin ebenfalls Alter und Härte des Granits heraus.

Während dem Marmor hauptsächlich die Rolle des kostbaren Rohmaterials für Altäre, Taufbecken, kunstvolle Grabsteine oder als Pflaster und Wandverkleidung für prunkvolle Säle und Kirchen zukommt, kennt der Granit solche „elitäre Grenzen“ nicht: Er dient als Futtertrog im bäuerlichen Stall genauso wie als Türgewände am stolzen Bürgerhaus, als prunkvoller Brunnen oder Arkadensäule im Schloßhof, oder als Kommunionbank und Gewölbestein in der Kirche.

Zu den Eigenheiten des sonst an pittoresker Naturszenerie eher armen Mühl- und Waldviertels gehören die verwitterten Urgesteinsbrocken, die sogenannten Findlinge. Gerade die oft eigenartigen Erosionsformen des Granits finden seit jeher in der Phantasie des Volkes eine übernatürliche Deutung. Allein die Namen der bizarren Steinformationen vermitteln eine Vorstellung von den verschiedenen Assoziationen: Teufelssteine, Hexen- und Herrgottsteine, Weltuntergangssteine, Teufelskirchen, Blutschalen oder Heidensteine.

In Fragen der Interpretation bergen viele dieser Steine auch heute noch Rätsel: So ist beispielsweise der Streit, ob das Phänomen der Schalensteine ein rein naturwissenschaftliches sei oder ein kultisches (Opferschalen eines Kultplatzes), nicht gänzlich gelöst. Den „Heidenstein“ in Eibenstein bei Summerau etwa, in den zahlreiche Stufen in den Stein gehauen sind und der als Fundament für ein monumentales Gebäude hätte dienen sollen, krönt ein Felsblock mit einer deutlichen Mulde, ein sogenannter Schalenstein. Als „Blutschale“ keltischer Opferstätten interpretiert, gerieten diese Granitblöcke bald in das Feld spekulativer Kulttheorien.

Für die Menschen der Bibel stellten Berge, Felsen und Steine bevorzugte Orte der Gotteserscheinung dar. Das eindringlichste Bild vom Felsen als gutes Kirchenfundament liefert denn auch die Heilige Schrift: „Auf diesem Felsen will ich meine Kirche bauen und die Mächte der Unterwelt werden sie nicht überwältigen.“ Mit diesen Worten aus dem Matthäusevangelium (Matth. 16, 18) wird die Vorstellung, daß Felsen und Steine etwas von der Zuverlässigkeit des Schon-immer-Dagewesenen vermitteln und zugleich Symbole des Uranfangs darstellen, um das Bild des Standhaften bereichert.[1])

Einige der auf einsamer Höhe errichteten Kirchen verdanken möglicherweise der Umwidmung von ehemals heidnischen Kultplätzen ihre eigentliche Entstehung. Die auf einer weichen Bergkuppe weithin sichtbare Filialkirche St. Michael ob Rauchenödt basiert wahrscheinlich genauso auf einer heidnischen Kultstätte wie die in ebenso markanter Lage errichtete Pfarrkirche von St. Thomas am Blasenstein. Der „Blasenstein“ selbst – zwei eng aneinandergelehnte Granitblöcke, die durch einen äußerst schmalen Spalt voneinander getrennt sind – fällt dagegen unter die Kultkategorie „Durchkriechstein“: Das Durchkriechen als Unterwerfung unter eine Gottheit wird in diesem speziellen Fall auch als Abstreifen von Krankheiten verstanden. Unter der Bezeichnung „Bucklwehluckn“ ist daher der Felsspalt noch heute in der näheren Umgebung bekannt. Wer vom Blasenstein aus einen Blick auf die nahegelegene Kirche lenkt, erhält in der Zusammenschau von naturgeformtem Durchkriechstein, dem daneben postierten und volkskünstlerisch gestalteten Bildstock sowie dem spätgotischen Kirchenbau nicht nur eine eindringliche Vorstellung von den religiös-kultischen „Verwendungsmöglichkeiten des Granits“ sondern auch von den verschiedenen ästhetischen Dimensionen dieses Materials.

Seit jeher hat also der Mensch versucht, gewisse Elemente der Natur als Vermittler zwischen ihm und dem Transzendenten zu gewinnen, wodurch auch bestimmte Naturgebilde „numinose“ (= für den Menschen als göttlich erfaßbare) Züge erlangten. Dieses archetypische Verhalten hat die kultische Deutung der mächtigen Granitblöcke zweifellos begünstigt. Ob als Zeugnisse für das Erscheinen himmlischer Gestalten oder als Mahnmale des Satans – die Interpretationspalette dieser „granitenen Sagen“ ist breit. Für die erstere Gruppe gibt es im Mühl- und Waldviertel zahlreiche Belegbeispiele: Beim Fölsensteinerkreuz bei Pregarten werden die Vertiefungen im Schalenstein als Fußspuren Mariens gedeutet, die hier auf der Flucht gerastet habe. Am „Heiligen Stein“ in der Nähe der Haslacher Furthmühle soll Maria auf ihrer Flucht das Jesuskind gar am Schalenstein gebadet haben, weshalb – so die weitere Erklärung – sich selbst an heißesten Tagen Wasser in der Vertiefung ansammelt.

Reicher und verbreiteter scheint dagegen jene Legendentradition zu sein, die von der Vorstellung des leibhaftig auftretenden Satans genährt wird. Die zahlreichen Teufelssagen liefern in der Regel die nötigen Erklärungen zu den oft eigenwilligen Spuren an einzelnen Granitblöcken: Ob nun als Teufelstritt interpretiert (wie etwa im Beispiel des Steinernen Kreuzes von Lembach, das darüber errichtet wurde) oder als Teufelskessel gedeutet (sie „erinnern“ beispielsweise im Hölltal des südlichen Waldviertels an den Teufel, der hier in einsamen Nächten einst die Hölle errichten wollte und deshalb Kessel für böse Seelen baute, dabei aber vom Morgenrot überrascht wurde, sein Werk nicht vollenden konnte und unverrichteter Dinge wieder abziehen mußte).

Auch „Gestaltsteine“ finden sich unter den vielen stummen Zeugen aus Granit, wobei der Sagen-Topos meist um die von Gott verfügten Versteinerungen von Gegenständen oder Personen kreist. Der Sage nach bilden etwa die „Steinernen Heuschober“ nahe der böhmischen Grenze bei Schönegg die Strafe für einen Bauern, der am Feiertag das von einem herannahenden Gewitter bedrohte Heu ernten wollte und so gegen die Sonntagsheiligung verstieß.

Wenn auch nicht zum Kreis der lediglich von der Erosion geformten Granite zählend, so verdienen die Pechölsteine hier vor allem wegen ihrer archaisch wirkenden Zeichensprache Erwähnung. Zur Gewinnung von Pechöl wurden in einzelne Granitfelsen Rillen zum Abfluß des Öls gestemmt. In Art eines Kohlenmeilers wurde harzreiches Föhrenholz über diesen Rillen aufgetürmt, mit Erde, Schmiedzunder oder dergleichen überdeckt und dann angefeuert. Das vor allem als Heilmittel in der Veterinärmedizin verwendete Pechöl wurde auf diese Weise im Mühlviertel bis zum Ersten Weltkrieg gewonnen. Geblieben sind vielfach noch diese Granitblöcke mit ihren Lebensbaum-, Kreuz- oder Leuchtersymbolen – Hinweise auf das hohe Alter des Pechölbrennens.

Schon die ersten von Menschenhand gestalteten Granite stehen vielfach im Dienste des Jenseitsglaubens. So finden bei den Altägyptern die verschiedenen Granite des Großreichs (neben dem dunklen Granit auch der rote Granit bzw. der Rosengranit) reichlich Verwendung im Tempelbau sowie in der plastischen Darstellung von Gottheiten und Pharaonen. Am Beispiel der granitenen Papyrusbündelsäulen in der Ägyptisch-Orientalischen Sammlung des Kunsthistorischen Museums, die in die Zeit um 1410 vor Christus datieren und der 18. Dynastie zuzurechnen sind, wird zugleich ein kulturhistorisches Phänomen ablesbar, das sich – unter gänzlich anderen kultischen und geographischen Prämissen – auch rund dreitausend Jahre später in der Architektur einer anderen Granitlandschaft abzeichnet: So wie die ägyptische Steinarchitektur in ihren Formen Vorbilder aus vergänglichem Material (Papyrus) zitiert, so weist beispielsweise auch die Kunst in unseren Breiten immer wieder Zierformen auf, die der Natur abgelauscht erscheinen: Die Bandbreite reicht vom Knospenkapitell bis zu den zoomorphen Gestalten in Granit.

In der sakralen Baukunst des Mittelalters wurde das beständige anorganische Baumaterial sogar moralisierend gegen vergängliche Stoffe ausgespielt. So berichtet etwa der Bischof Altmann von Passau in der „Vita Altmanni" (um 1136) über den seinerzeitigen Kirchenbau in Oberösterreich, daß „fast alle Kirchen jenes Bistums aus Holz und schmucklos waren ... allerdings waren auch deren Priester, wenn ich so sagen darf, hölzern, weil sie in Ehen und weltliche Geschäfte verstrickt, des Gottesdienstes völlig unkundig waren ... Jetzt aber sind sie durch meinen Eifer fast alle aus Stein, ... und was das Wichtigste ist, mit sittenstrengen und gebildeten Männern gut besetzt." [2])

Die Verwendung des bodenständigen Granits sowohl für Bauzwecke, als auch für künstlerische Arbeiten reicht bis in die Römerzeit zurück. Erst im Mittelalter kam es zu einem Aufblühen des Steinmetzhandwerks, wobei aber in älterer Zeit Findlinge und anstehende Felspartien als Werksteine verwendet wurden (seit dem Mittelalter sind jedoch bereits die großen Steinbrüche an der Donau in Neuhaus und Mauthausen bekannt).

Erst mit Beginn der Neuzeit ging man dann dazu über, Steinbrüche anzulegen, in denen oft noch heute der feinkörnige Granit abgebaut wird. In der Regel wurde der Stein in unmittelbarer Nähe des Bauplatzes gewonnen, bei Burgen sehr oft durch dessen Einebnung.

Die Bildstöcke sowie die Futtertröge und Krautbottiche verdanken dagegen ihre Entstehung Bauern und Gewerbetreibenden, die oft hauseigene Brüche in der Art eines Hausgewerbes besaßen. Erst in der Mitte des 19. Jahrhunderts entstanden Betriebe, die den Abbau und die Weiterverarbeitung von Naturstein auf industrieller Basis betrieben. In der sakralen Architektur hingegen wurde Granit seit jeher als Bau- und Dekorstein verwendet.

Die sogenannte Krypta unter dem Chor der Stiftskirche Schlägl stellt ein eindrucksvolles Beispiel dar, wie Granit in der Romanik sowohl in der Architektur als auch in der Skulptur Einzug hielt. Dieser quadratische, vierjochige Einstützenraum wird von gratigen Kreuzgewölben überspannt. Den achtkantigen Pfeiler im Zentrum des Raums ziert ein romanisches Knospenkapitell mit einer nach Nordwest gerichteten Fratze. In der Nordostecke ist aus einem Granitblock ein Löwenkopf gehauen, der auf Samson verweist. Als Medusenhaupt wird jener Konsolstein in der Südwestecke interpretiert.

Da 1218 mit dem Bau der Krypta und des Chores begonnen wurde, sind auch diese Granitskulpturen noch in das 13. Jahrhundert zu datieren.

Für einen weiteren prominenten „Granitbau“ des Mühlviertels wurde schon 1142 der Grundstein gelegt: Das Zisterzienserstift Baumgartenberg, einer Stiftung Otto von Machlands und seiner Gemahlin Jeuta, geborene Gräfin von Peilstein. Erst nach hundertjähriger Bauzeit – bedingt durch Rechtsstreitigkeiten mit dem Kloster Säbnich-Waldhausen und das Fehlen einer starken Gönnerpersönlichkeit – wurde die Klosteranlage 1243 von Bischof Rüdiger von Passau geweiht. Die hohe Qualität des aus unverputztem Mühlviertler Granit gehauenen Quaderwerkes verweist auf Zisterzienserbauschulen von Pontigny und Fontenay und ragt auffallend aus der bodenständigen Bauweise heraus. Der ursprüngliche Chorschluß ist allerdings durch die Hussitenkriege zerstört worden. Lediglich an der Westfront des Langhauses ist das alte unverputzte Granitmauerwerk noch gut sichtbar.

Auch bei der Errichtung des mittelalterlichen Zisterzienserstiftes Zwettl (ab 1138) fungiert der Granit als wichtiger Baustein. Für das romanische Stift typisch ist die Verwendung von verschiedenen lokalen und fremden Gesteinen. Besonders gut kann diese Materialdifferenzierung im romanischen Kreuzgang und im Kapitelhaus beobachtet werden: Beim Eingang zum Brunnenhaus bildet Grobkorn-Granit den Hintergrund der Säulenbündel des Eingangsportales, im Kreuzgang selbst wechseln Säulen und Kapitelle aus Granit, Marmor und Sandstein ab.

Die berühmte und tragende Mittelsäule des Kapitelsaales (vor 1180 erbaut) wurde wieder aus Grobkorn-Granit gefertigt. In der „Vita Eigilis" des Candidus (aus dem 9. Jahrhundert) heißt es: „Christus Jesus ist es, der im Anfang dieses Baues steckt und ihn begründet; er ist nämlich das Fundament und die Säule, die immer unbeweglich verharrt."[3]) Die unverputzten, durchwegs steinsichtigen Wände in diesem romanischen Trakt des Zisterzienserklosters lassen den vom jenseitigen Kampufer gebrochenen Granit wirksam zur Geltung kommen. Da sich aber der Ordensbegründer Bernhard von Clairvaux dezidiert gegen die im 11. und 12. Jahrhundert aufgekommene Innenvergoldung der Kirchen wandte, ist das unverputzte Granitmauerwerk zugleich als Absage an den Bauluxus zu sehen.

Der hl. Bernhard dazu: „Es strahlt die Kirche in ihren Mauern, aber für ihre Armen hat sie nichts übrig! Ihre Steine kleidet sie in Gold, und ihre Kinder läßt sie nackt!"

Im südböhmischen Zisterzienserstift Hohenfurt (Vyssi Brod) kam dem Granit die gleiche bedeutende Aufgabe zu: So ist der als Ein-Stützen-Raum konzipierte Kapitelsaal ebenfalls auf einem Bündelpfeiler aufgebaut, der hauptsächlich aus Granit gearbeitet ist. Vier Stierköpfe mit Lindenlaub, Lilien und vier umgestülpten Hagebuttenblättern sind ornamentale bzw. figurale Bestandteile dieser bereits frühgotischen Bauplastik.

Wie Grabsteine in den Stiften Schlägl und Zwettl bestätigen, wurde Granit auch schon früh in der Funeralkunst verwendet.

Die Grabplatten bzw. Grabinschriften an den Wänden hatten einst nur die Stelle der Beerdigung zu bezeichnen. Die handwerkliche Ausführung sowie der konservative Schrifttypus stehen wohl in Zusammenhang mit dem Material selbst: Es mag nämlich sein, daß in Zwettl das harte Granitgestein gegenüber Sandstein bei den Vergleichsbeispielen retardierend gewirkt hat. Die romanischen Grabplatten von Pierbach,

Schönau, Gutau, Neumarkt, Ottensheim und St. Peter bei Freistadt sind dagegen ohne jegliche Inschriften. Ihr Schmuck besteht meist nur aus einem Flachrelief-Kreuz sowie Geräten, die an die Rodung des Landes erinnern (Hacke, Beil oder Pflugschar).

Die Aufgaben für den Granit änderten sich in der Gotik zwar kaum, gewannen aber zunehmend an künstlerischem Profil. Der Einsatz in der Architektur steht im Mittelpunkt. In ganz wenigen Fällen diente Granit auch als Material für gotische Skulpturen. Eindrucksvollstes Beispiel dafür ist wohl das spätgotische Ölbergrelief an der Südseite der Pfarrkirche von Bad Leonfelden (um 1500).

Gerade in den spätgotischen Landkirchen des Mühlviertels entfalten sich Rippenfigurationen und Ornamentformen, die allesamt aus dem einheimischen Granit gearbeitet sind. Die Verbindung zum romanischen Holzbau bleibt dabei aber vielfach gewahrt. So ist in den geometrischen Ornamenten, die sich aus der Kerbschnitzerei ableiten lassen, die Verbindung zum Holzbau noch deutlich erkennbar. Wie schon bei den genannten romanischen Ensembles konstatierbar, bedient sich auch die Gotik einer Materialmischung, wobei meist Granit und Sandstein einander abwechseln. Die Hochblüte der spätgotischen Steinmetzkunst, der wir auch den außerordentlichen Formenreichtum in diesen Granitlandschaften verdanken, fällt in eine Zeit, da sich diese Berufsgruppe als effektive Bruderschaft zu konstituieren suchte.

Nur einige wenige Architekturbeispiele sollen hier Erwähnung finden, die aber in Hinblick auf die künstlerische Verwendung bzw. Bearbeitung des Granits besonders herausragen. Speziell in den Emporen sind dekorative Kleinformen und Momente der Großarchitektur zu einer künstlerischen Einheit gebracht worden. Zu den schönsten spätgotischen Beispielen zählen jene von Arbing, Pabneukirchen und Wartberg ob der Aist (alle im Unteren Mühlviertel). Während in Arbing und Pabneukirchen die reichen Ornamentformen im Brüstungsfeld der aus einheimischem gräulich-bräunlichem Granit gefertigten Anlage aus Sandstein sind, besteht die Anlage in Wartberg auch im dekorativen Detail zur Gänze aus Granit. Sie ist – wie der gesamte Langhausbau – aus feinkörnigem, einheimischem Granit errichtet, der in zwei unterscheidbaren Farbnuancen (grau-braun) Verwendung fand. Die Wartberger Empore, ein Spätwerk der Freistädter Bauhütte (vor 1508 entstanden), ist mit ihren direkt aus der

Holzbauweise übernommenen und in Stein umgesetzten Dekorformen ein anschauliches Exempel für die Rezeption der älteren Holzbauweise. An der Unterseite der Nordempore weisen in Stein umgesetzte „Nagelungen" und verzierte „Pfostenköpfe" darauf hin.

Mit dem Schlingrippengewölbe für den Chor der Stadtpfarrkirche Freistadt hat der Freistädter Stadtbaumeister Mathes Klayndl den Granit scheinbar entmaterialisiert: Durch das dynamische Überschneiden der Schlingen wirkt das reichgeschwungene Gewölbesystem wie ein zartes Netz, das die Raumdecke auskleidet. Das als „barockgotisch" bezeichnete steinerne Rippengewölbe tritt kaum aus dem Halbdunkel des Chores hervor. Nur das Chorhaupt ist durchlichtet und läßt so den Altarraum als Ort des Meßopfers erstrahlen. Im Oktober 1483 wurde bereits im Steinbruch gearbeitet. So heißt es in der Rechnung für 1483 „Meister Mathes hat stain gebrochen, angehebt am mantag nach Kolmani (20. Oktober)". Gerade die Arbeit im Steinbruch war von besonderer Bedeutung, weil durch die Auswahl des Steins Verhau- und Transportkosten eingespart werden konnten. Die Gesellen rund um Meister Klayndl unterstützten den Baukünstler auch Jahre hindurch bei der Errichtung der Freistädter Befestigungsanlage, einem Hauptwerk spätgotischer Fortifikationskunst – aus Granit.

Bereits ins erste Viertel des 16. Jahrhunderts datiert dagegen das bedeutendste Bauwerk der Endgotik Österreichs: Das vielteilige Schlingrippengewölbe im Langhaus der Pfarrkirche Königswiesen. Hier dienen alle Bewegungslinien dem Ornament. Das engmaschige Rippennetz erzeugt so 480 einzelne Gewölbefelder, durch die der Raum zu flirren scheint.

Gegenüber derartigen Glanzleistungen müssen erwartungsgemäß die zahllosen Beispiele für architektonische Kleinformen aus Granit in den Hintergrund treten. Obwohl Altar und Taufstein zu den edelsten Aufgaben der Steinmetze zählen, wurde der Granit im Mühlviertel dafür auffallend selten verwendet (in Pfarrkirchen im Mühlkreis blieb beispielsweise noch eine romanische Taufschale aus Granit erhalten). Dabei wurde erst seit dem Missale von Papst Pius V. im Jahre 1570 eine diesbezügliche Verordnung erlassen: Der Altar sollte aus Naturstein und die Altarplatte aus einem einzigen Stück bestehen. Für das Meßopfer sowie für die Spendung des Taufsakraments wurde aber in erster

Linie der kostbarere Marmor herangezogen. Kunstvolle Granit-Taufbecken kennen wir vor allem im südböhmischen Raum. Zu den schönsten gotischen Beispielen zählt jenes der Pfarrkirche Cesky Rychnov (Reichenau an der Maltsch). Das Taufbecken Stropnice (Strobnitz) ist in doppelter Hinsicht kulturhistorisch interessant: Zum einen paraphrasiert dieses noch aus dem letzten Viertel des 15. Jahrhunderts stammende Exemplar die Form eines Meßkelchs mit Kerbschnitt-Nodus, zum anderen markiert es die geänderten Materialpräferenzen – man hat den Granit nachträglich „marmoriert“ (übermalt).

Eine spätgotische Arbeit stellt auch das Taufbecken der Pfarrkirche von Dolni Dvoriste (Unterhaid) dar. Dieses Gotteshaus an der tschechisch-österreichischen Grenze verfügt über ein – wenn auch kaum bekanntes – sakrales „Granit-Inventar“ erster Qualität: Aus dem gleichen Steinmetzatelier wie das Taufbecken stammt auch die granitene Kanzel. Sakramentshäuschen, Opferstock, Empore samt Portal komplettieren dieses einmalige Ensemble sakraler Steinmetzkunst der Spätgotik. Dazu gibt es allerdings auch im angrenzenden Mühlviertel eindrucksvolle Pendants. So vermitteln die gotischen Türgewände der Pfarrkirchen Grünbach (Südtor, 1512), Bad Zell (Südtor, um 1520) oder – um nur ein weiteres Beispiel zu nennen – Schenkenfelden (Südtor, 1525) einen Eindruck davon, wie das System von Verstäbungen und gerauteten Einzelteilen – selbst als isoliertes architektonisches Element – den ganzen Formenreichtum spätgotischer Steinmetzkunst zu vermitteln vermochte. Dies gilt auch für die nun aufkommenden Bildstöcke aus Stein, für die noch Jahrhunderte später gotisierende Architektur- und Ornamentzitate adaptiert wurden.

Der Stilverschleppung verdankt gerade die Spätgotik im Mühlviertel eine relativ lange Blütezeit. Die Reformationswirren bildeten diesbezüglich, wie die zwischen 1610 und 1612 noch ganz nach dem spätgotischen Architekturkanon errichtete Marktkirche von Waldhausen beweist, keine wirkliche Stil-Zäsur. Das Raumgefühl hat sich jedoch verändert: aus einem schlanken Kirchenraum ist bereits ein breiter Festsaal mit schlanken Stützen geworden. In dieser „gotischen“ Marktkirche zu Waldhausen befindet sich allerdings eines der schönsten Renaissance-Sakramentshäuschen des Landes. Aus Granit gearbeitet, wird die Grundform dieses um 1610 zu datierenden Kunstwerks aus reinen Renaissance-Elementen gebildet: Anstatt

Fialen begegnen wir Obelisken, an die Stelle von Wimpergen sind halbkreisförmige Muscheln getreten. Kunsthandwerkliche Ableger dieses Renaissance-Monuments scheint man gelegentlich in Bildstock-Formen zu begegnen, die aber weit über die zeitlichen Grenzen dieses Kunststils hinausragen. Durch das Fehlen repräsentativer Kirchen(um)bauprojekte mangelt es jedoch an sakralen Beispielen für die Steinmetzkunst der Renaissance.

Der Barockzeit und der im Zuge der Gegenreformation forcierten Volksfrömmigkeit verdanken zahlreiche Bauprojekte sowie die vielen „christlichen Wegzeichen und Wegbegleiter" (für den Kirchgang und die Wallfahrt) ihre Entstehung. Hatte auch der Ziegel als Baumaterial den Naturstein allmählich zu verdrängen gesucht, so konnte der Granit trotzdem nicht völlig entthront werden. Die Dominanz der Farbe hat jedoch den Granit oft den Augen der Betrachter von Kirchen, Kapellen oder Marterl entzogen. Die barocke „Kunst an Tür und Tor" hat trotzdem reizvolle Pilaster-, Portal- und Fensterlösungen aus Naturstein hervorgebracht, wobei sich Granit zu den einzelnen Fassadenfarbtönen durchwegs neutral verhält: Dies beweisen die Granit-Pilaster an der Westfront der ehemaligen Stiftskirche Waldhausen (1650–1661) genauso wie etwa die Fensterstöcke und grauen Granitsockel der hochbarocken Westfront des Stiftes St. Florian (nach 1708) oder auch die Granit-Außenkanzel der Wallfahrtskirche St. Wolfgang am Stein (1652).

Das wohl großartigste Beispiel für die Verwendung des Granits in der Barockarchitektur bildet die imposante Westfassade der Stiftskirche Zwettl. Die monumentale hochaufragende dreigeschossige Turmfassade besteht zur Gänze aus unverputzten Granitquadern (Schlußsteinlegung 21. Mai 1727, Entwurf Mathias Steinl, Ausführung Joseph Munggenast). Im Spiel von konvexen und konkaven Formen folgt der Granit einer weichen und subtilen Linienführung, wodurch der Naturstein geradezu modelliert wirkt.

Die Härte des Materials lassen auch viele Steinskulpturen vergessen, die im ersten Drittel des 18. Jahrhunderts entstanden. Besonders dem 1729 kanonisierten böhmischen Brückenheiligen Johann von Nepomuk (gest. 1393, seliggesprochen 1721) wurden auf Brücken, vor Ortseinfahrten und Friedhöfen Standbilder gewidmet. Die vollplastische Statue in Lasberg beim Friedhofseingang

(1735) zeigt den Heiligen als Kreuzverehrer. Im Zentrum der dreiteiligen Pestsäule am Marktplatz von Windhaag bei Freistadt (1731) ist der vom hl. Florian und dem hl. Christophorus flankierte Brückenheilige in der gleichen Art charakterisiert und verweist so auf das zentrale Vorbild aller Nepomukstatuen: jenes auf der Prager Karlsbrücke (Mathias Rauchmiller und Johann Brokof, am 31. August 1683 aufgestellt).

Im Zuge des sogenannten „Bauernbarock" gelangen barocke Formzitate bei der Gestaltung von Kapellen, Marterln, Bildstöcken, Wegkreuzen und sonstigen Zeichen der Volksfrömmigkeit auch noch während des 19. Jahrhunderts – und fallweise selbst noch in unserer Zeit – zur volkskünstlerischen Umsetzung.

Bei dieser „Kunst am Wege" nehmen die Bildstöcke eine Sonderstellung ein, da sie im Granithochland als facettenreichste Form auftreten. Oft scheinen diese Flurdenkmäler mit der sie umgebenden Natur zu verschmelzen. Mit dem Christus- oder Marienmonogramm, einer Jahreszahl und den Initialen des Auftraggebers versehen, wirken diese Bild- und Erinnerungsträger wie ein Bestandteil einer gediegenen Landschaftsmöblierung. Im Grunde beginnt bei den religiösen Kleindenkmälern erst um 1750 – als in der Hochkunst der Barock längst seinen Höhepunkt überschritten hatte – der Übergang von der Renaissance zum Barock. Konzentriert sich die barocke Auszier vorerst auf den Bildstock-Kopf, so erstreckt sie sich in der Folge auch auf den Schaft, der ebenfalls Ornamentik aufweist.[4])

Dem Granit sollte gegen Ende des 19. Jahrhunderts noch einmal eine besonders prominente „kirchliche Aufgabe" zuteil werden: Als zentraler Baustoff für den signifikantesten historistischen Sakralbau Oberösterreichs, den Neuen Linzer Dom. Von der Grundsteinlegung (am 1. Mai 1862) bis zur Einweihung am 29. April 1924 lieferten dazu die 1839 gegründeten Granitwerke Poschacher in Mauthausen die Werksteine für sämtliche Säulen, Strebepfeiler, Gesimse, Giebelabdeckungen und Galerien (im Gesamtwert von über 800.000 Kronen). Die Bausteine des Neuen Domes wurden in Akkordarbeit gewonnen, noch im Steinbruch nach den in der Dombaukanzlei zusammengestellten Maßen roh behauen, in der Steinmetzhütte nach Blechschablonen bearbeitet, am Bau mit eisernen Klammern verbunden und mit Zement verfugt (im Jahre 1908 wurde für die

Steinbearbeitung erstmals eine Drahtsteinsäge eingesetzt). Etwa zur gleichen Zeit entstand (1872–1877) – unberührt von Stiltendenzen der Hochkunst – mit der Hauskapelle in der Wienau (Gemeinde Weitersfelden) ein köstliches Beispiel volkstümlicher Sakralarchitektur: In Bloßsteinmauerwerk errichtet, birgt diese Kirche neben einem mit Steinplatten abgedeckten Innenraum auch zahlreiche geometrische und figural gestaltete Werksteine, denen als volkskünstlerische Leistungen ein singulärer Rang zukommt. Dies ist nicht das einzige Werk der „steinfreudigen Brüder" Anton und Karl Wurm vom Hoisngut in Wienau geblieben: Die bizarre Steinkapelle in Gugu hinter Sandl sowie die Ausstattung des eigenen Gehöfts mit schweren Aufsätzen und Zierkugeln geht ebenfalls auf die beiden Volkskünstler zurück.

Als Material für Kirchenneubauten, Kapellen, Bildstöcke, Kriegerdenkmäler und Mahnsteine steht Granit auch in unserem Jahrhundert im Dienste der Glaubensverkündigung bzw. der Volksfrömmigkeit. Die vom Freistädter Bildhauer Gottfried Pöchinger geschaffenen Heiligenskulpturen (hl. Hubertus auf der Rosenhofer Straße bei Sandl, um 1950) stehen ganz in der Tradition der historistischen Figurensprache des vorigen Jahrhunderts. Zum steinernen Gotteslob gesellt sich in dem an großen Menschheitstragödien reichen 20. Jahrhundert allerdings eine zweite, ernstere Aufgabe: Die eines Mahnmals – sei es für die zahllosen Opfer der beiden Weltkriege oder auch für jene in den Steinbrüchen geschundenen Kreaturen der Konzentrationslager. Das alte Sprichwort „Te saxa loquuntur" (Steine werden von dir reden) erhält damit eine memento mori-Dimension, fungieren doch diese Mahnmale zugleich als Grabstein-Ersatz für die vielen in den Massengräbern der Vernichtungslager oder im einstigen Feindesland namenlos Begrabenen.

Die liturgischen Reformen des II. Vatikanums haben dem Granit neue tragende Aufgaben vermittelt: Volksaltäre, Ambonen oder Sakramentshäuschen wurden vermehrt aus dem Stein der Region, dem Granit, gefertigt. Dabei hat man einfache, archaische Formen favorisiert, um die „urkultische Dimension" des Gesteins wieder zum Klingen zu bringen.

Aus Granit sind auch die rund sechzig größeren Burgen und Burgruinen des Mühlviertels erbaut, die an die einstige Konfliktregion zwischem dem Herzogtum Bayern und dem Königreich Böhmen, später dann auch zwischen den Bistümern Passau und Regensburg erinnern. Die klassische Burg des Mühlviertels – errichtet zwischen dem 12. und 15. Jahrhundert – besteht aus Bruchstein, der zumeist am Bauplatz gewonnen wurde. Alle Burgentypen sind hier vertreten: Neben Höhenburgen (Wildberg oder Rottenegg) auch einige Gipfelburgen (z.B. Ruttenstein, Waxenberg oder Reichenstein) sowie die Stadtburg (Freistadt).

Zahlreiche Burgen wurden dann im 16. Jahrhundert im Stil der Zeit umgebaut, wobei besonders die Arkadenhof-Idee – als Italienreise-Souvenir – besonders rasch Anklang fand. Der Arkadenhof der Greinburg mit seinen zierlichen toskanischen Säulen aus Granit ist dafür ein einprägsames Beispiel. Daß in Freistadt die Amtsburg der katholischen Landesherren (das Freistädter Schloß) ihren altertümlichen hölzernen Umgang im Innenhof behielt, wird als eine bewußte Gegenposition zu den protestantisch-modernen Bauherren im Land und ihren Arkaden und Arkadenhöfen zu interpretieren versucht.[5]) Die aus Granit gefertigte Reiterstiege an den beiden Hofseiten von Schloß Riedegg stellt eine unikale Hofgestaltung dar: So ist die Treppe durch hohe Pfeilerarkaden mit dem Arkadenhoftypus verschmolzen (ein nur in Süddeutschland nachweisbarer Typus).

In die Spätrenaissance datiert das als künstliche Gartengrotte angelegte „Falkenhaus“ von Schloß Weinberg bei Kefermarkt, das uns den Granit in einer äußerst seltenen Rolle zeigt: Die Gliederung und Dekoration des Inneren erfolgte nicht durch die sonst übliche Materialvielfalt von Tropfstein, Muscheln oder Glaspasten, sondern mit gebrochenen Granitsteinchen. Dieses Gestein fehlt auch nicht als Bau- und Dekorstein für die gerade in der Renaissancezeit aufkommenden Brunnen. Kunstvoll und originell zugleich wirkt der von Abt Martin III. Greysing 1623 „angefriembdte“ achteckige Brunnen im Hof des Stiftes Schlägl. Das Brunnenensemble im Burghof von Schloß Rosenberg an der Moldau (Rozmberg) ist zwar kunstvoller gestaltet, jedoch nicht mehr original (anstelle des hl. Florian krönt nun eine Statue des Peter Wok von Rosenberg diesen Wasserbehälter des 17. Jahrhunderts).

Als „Symbole der Macht“ sind jene Zeichen der niedrigen Gerichtsbarkeit anzusehen, die im Mühlviertel in der Regel aus Granit gearbeitet sind: Die Pranger. Sie wurden meist vor dem Rats- oder Gerichtshaus aufgestellt und repräsentierten ein Mal der Schande und Sanktion. Die im 16. und 17. Jahrhundert errichteten Steinsäulen wurden um 1770 als Rechtsmittel abgeschafft, weshalb in der Folge viele Pranger verschwunden sind. In der Symbolsprache dieser Pranger kehren einzelne Motive immer wieder: Die dreisprossigen Lilien werden mit der Stellung von Dieben in Zusammenhang gebracht, das Mal- oder Andreaskreuz diente bei zauberischen Praktiken zur Identifizierung von Dieben. Die angebrachten Menschenköpfe sind weniger Apotropaion als „Armesünderköpfe“ (vgl. Mauthausen). Eine spielerische Variante repräsentiert dagegen das sogenannte „Prangermandl“ von Bad Zell aus dem Jahre 1574.

Auch in der bürgerlichen Baukunst kommt dem Granit seit der Spätgotik eine wachsende Bedeutung zu: Gotische Kragsteine und Türgewände an den Fassaden sowie Arkaden signalisieren diesen Wohlstand. Erst im 17. Jahrhundert ziehen allmählich auch die Bauern nach: Bestanden die mittelalterlichen Gehöfte noch überwiegend aus Holz, so wurden diese Blockbauten nun allmählich durch Natursteinbauten ersetzt. Der Werkstoff für massive Wand- und Gewölbekonstruktionen war und blieb bis in das 20. Jahrhundert der reichlich vorhandene Naturstein, der Granit. Im 19. Jahrhundert wurde das Bloßsteinmauerwerk zu einem Merkmal der Mühlviertler Bauernhäuser – und zwar aus der Umwandlung einer Not in eine Tugend: Aus Mangel an Baukalk war ein vollständiger Fassadenverputz zu kostspielig, weshalb man die ansichtigen Natursteinflächen unverputzt ließ. Im Inneren der vor allem aus dem 18. und 19. Jahrhundert stammenden Höfe erzeugen die toskanischen Säulen aus Granit in den Ställen eine großzügige Atmosphäre. Das zu Freßbarren und Krautbottichen verarbeitete Gestein ziert gleichzeitig – mit Namen, Initialen und Datierungen versehen – Türbögen und Hofeinfahrten. Da infolge der Intensivierung der Landwirtschaft Anfang des 19. Jahrhunderts die Gehöfte großzügig erweitert wurden, verlegten sich die Steinmetze bald auf die Anfertigung von Standard-Steinbauteilen wie Urschen, Freßbarren, Wassergrandern, Krautbottichen und Stallsäulen. Letztere dienten zur Unterstützung der Gewölbe und zählten zu den am meisten benötigten Werksteinen.

Als Straßenpflaster hielt der Granit Einzug auf den Straßen der Städte und Märkte. In Wien, wo man seit 1781 mit Pflastersteinen aus dem Heinrichsbruch in Mauthausen die Straßen pflasterte, wurden rund sieben Millionen Quadratmeter Pflaster aus Granit verlegt. Kleinsteinpflaster aus Granit werden heute wieder zur Pflasterung in denkmalgeschützten Zonen bevorzugt.

Auch beim Bau der ersten kontinentalen Eisenbahn, der Pferdeeisenbahn Linz – Budweis, wußte man den Granit als Baumaterial zu schätzen. Der Bahnbetrieb ist zwar seit mehr als einem Jahrhundert stillgelegt, die einzeln erhalten gebliebenen steinernen Viadukte erinnern aber noch heute an diese technische Pioniertat.

Die Aufgaben für den Granit haben sich im Laufe der Zeit immer wieder geändert, geblieben ist dagegen die Faszination an diesem Bodenschatz des Landes.

Anmerkungen:

1) D. Forstner und R. Becker, Neues Lexikon der christlichen Symbole, Innsbruck–Wien, 1991, S. 292.

2) Zitiert nach: R. Koch: Kirchenbaukunst bis zum Ende der Romanik, in: Das Mühlviertel. Natur, Kultur, Leben (Ausstellungskatalog d. OÖ. Landesausstellung auf Schloß Weinberg), Linz 1988, Beitragsteil, S. 36

3) Vgl. dazu K. Kubes, Das Kapitelhaus, in: Die Kuenringer. Katalog des NÖ. Landesmuseums, Neue Folge Nr. 110, Wien 1981, S. 727 (hier auch das vollständige Zitat).

4) J. Friesenecker, Die religiösen Kleindenkmäler in der Pfarre und Gemeinde St. Oswald bei Freistadt. Sonderdruck aus den OÖHmtbl., 32. Jg. (1978), Heft 1/2, S. 5

5) G. Kleinhanns, Zwischen Verfall und Veränderung – Burgen des Mühlviertels, in: Kulturzeitschrift Oberösterreich, 38. Jg., Heft 1/1988, S. 17.

Literaturnachweis:

D. Assmann, Steinheiligtümer, in: Das Mühlviertel. Natur, Kultur, Leben. Beitragsteil, Linz 1988, S. 441–446

D. Assmann, Heiligenverehrung und Wallfahrten als besondere Ausdrucksformen der Volksfrömmigkeit, in: Volksfrömmigkeit in Oberösterreich (Katalog des OÖ. Landesmuseums), Linz 1985, S. 916

J. Bauer und K. Holzmann, Die Pechölsteine der Marktgemeinde Königswiesen, in: OÖHmtbl. 39. Jg. (1985), Heft 2, S.159–162

A. Cechner (Verfasser), Topographie der historischen und Kunst-Denkmale in Böhmen von der Urzeit bis zur Mitte des XIX. Jahrhunderts, Bd. XLII (Der politische Bezirk Kaplitz), Prag 1929

A. Depiny, Oberösterreichisches Sagenbuch, Linz 1932

G. Dimt, Der Dreiseit- oder Tormauerhof des Unteren Mühlviertels in Bauplanungen des 19. Jahrhunderts, in: JbOÖMV 132, 1987, S. 137f.

F. Eppel, Die Wachau. Nibelungen- und Strudengau. Österreichische Kunstmonographie Bd. II, Salzburg 1968

H. Etzlstorfer, Kunst am Wege. Die Kleindenkmäler des Mühlviertels, in: Das Mühlviertel, op.cit. Beitragsteil, S.435–440

H. Etzlstorfer, Kleindenkmale im Bezirk Freistadt, in: Kulturzeitschrift Oberösterreich, 38. Jg. (1988), Heft 1, S. 2–9

T. Karl (Bearbeiter), Die Baumeisterfamilie Munggenast (Katalog des Stadtmuseums St. Pölten), St. Pölten 1991

A. Kieslinger, Zur Spaltbarkeit von Granit, in: Montanistische Rundschau Heft 9 (1957), S. 237–243

A. Kieslinger, Die nutzbaren Gesteine Oberösterreichs, in: Geologie und Paläontologie des Linzer Raumes, Katalog des OÖ. Landesmuseums Nr. 64, S. 109–117

H. Kohl, Die leblose Natur, in: Das Mühlviertel, op.cit., Beitragsteil, S. 44–50

F. Leitner, Lasberg im Wandel der Zeit, Vöcklabruck 1985, S. 39

F.C.Lipp, Die Granitskulpturen von Wienau, in: Volkskunst, 5. Jg., Mai 1982, München, passim

O. Milfait, Die Opferschalen und ihre Anerkennung als Kultplatz, in: OÖHmtbl. 33, 1979, S. 104ff.

W. u. *B. Prokisch,* Bauaufnahmen an spätgotischen Kirchen des Mühlviertels, in: Studien zur Kunst- und Kulturgeschichte, Festgabe für Benno Ulm (OÖHmtbl. 40. Jg. 1986, Heft 3/4, S. 266–282

O. Rappersberger, Die Fenster der Katharinenkirche, in: Freistädter Geschichtsblätter Heft 8 (700 Jahre Stadtpfarrkirche Freistadt 1288–1988, 2.Teil), Freistadt 1989, S. 124

F. Rötzer, Sagen aus dem südlichen Waldviertel, Pöggstall 1952

F. Steininger, Das Lapidarium, in: Die Kuenringer, Wien 1981, S. 505–516

A. Topitz, Schalensteine und Klima, in: OÖHmtbl. 31, 1977, S.104ff.

B. Ulm, Das Mühlviertel, Österreichische Kunstmonographie Band V, Salzburg 1971

B. Ulm, Gotische Architektur des Mühlviertels. Ein Überblick, in: Das Mühlviertel. Natur, Kultur, Leben (op.cit.), S. 375–380

´s ganze Landl voller Buckeln,
´n iada Buckl voll mit Wald,
Stoa vastrat drin, enstrumm Mugln,
wia a Häuslerkeuschn bald.

Aus „´s Waldviertler Himmelreich“ von Franz Würml

1

Bärenstein, Wollsackverwitterung

3

4

2 Rechberg/Perg, „Schwammerling“

3 Sandl/Gugu, Findlinge mit Gehöft

4 Plöcking/Kleinzell, Steinbruch.
Obwohl schon im Mittelalter das Steinmetzhandwerk blühte, entstanden erst im vorigen Jahrhundert Betriebe, die den Abbau und die Granitverarbeitung auf industrieller Basis durchführten.

5

5 Der „Heidenstein“ in Eibenstein bei Summerau ist ein typischer Vertreter der „Schalensteine“. Ob die Mulde ein Indiz für einen vorchristlichen Kult oder lediglich die Folge natürlicher Erosion ist, läßt sich auch heute noch schwer entscheiden.

6 Gleichsam einen „heiligen Bezirk“ bilden die beiden Felsgipfel von St. Thomas am Blasenstein: Auf dem einen steht die spätgotische Pfarrkirche, auf dem anderen befindet sich der Durchkriechstein mit seiner „Bucklwehluckn“ und dem Bildstock aus dem 17. Jahrhundert.

7 Wenn am Weltuntergangsstein in St. Leonhard bei Freistadt die beiden Felsen einander berühren, dann steht – so die alte Legende – das Ende der Welt bevor.

6

8 Sandl[illegible], Bildnische

9 St. Leonhard[illegible]tein

10 Altenberg bei Linz, Franzosenkreuz

9

10

11

12

11 Die geheimnisvollen steinernen Fratzenköpfe am Kapitell der Mittelsäule in der Schlägler Krypta belegen den frühen Einsatz des Granits in der Kunst.

12 Vierjochiger Einstützenraum, Stift Schlägl, Krypta

13 Die dem hl. Eligius geweihte Pfarrkirche von Unterhaid (Dolni Dvoriste) ist besonders reich an granitenen Kunstwerken aus der Spätgotik. So ist auch noch die alte Steinkanzel mit ihrem schraubenförmig geriefelten Säulenschaft erhalten geblieben.

14 Aus dem Ende des 15. Jahrhunderts stammt auch der kunstvolle Granitopferstock der Pfarrkirche Unterhaid (Dolni Dvoriste). Den Sockel schneiden schraubenförmig gewundene Säulchen ein und machen so die Härte des Materials vergessen.

13

14

16

17

15 Pfarrkirche Wartberg ob der Aist, Empore

16 Pfarrkirche Schenkenfelden, Portal, Detail (1525)

17 Ölbergrelief an der Südseite der Pfarrkirche von Bad Leonfelden. Das Motiv taucht vermehrt im 15. Jahrhundert an Kirchenfassaden auf.

18 Spätgotisches Taufbecken der Pfarrkirche Unterhaid (Dolni Dvoriste). Die Wappenschilder mit den fünfblättrigen Rosen verweisen auf das Geschlecht der Rosenberger. Schon 1279 ist Unterhaid zudem auch Filialkirche von Rosenberg (Rozemberg).

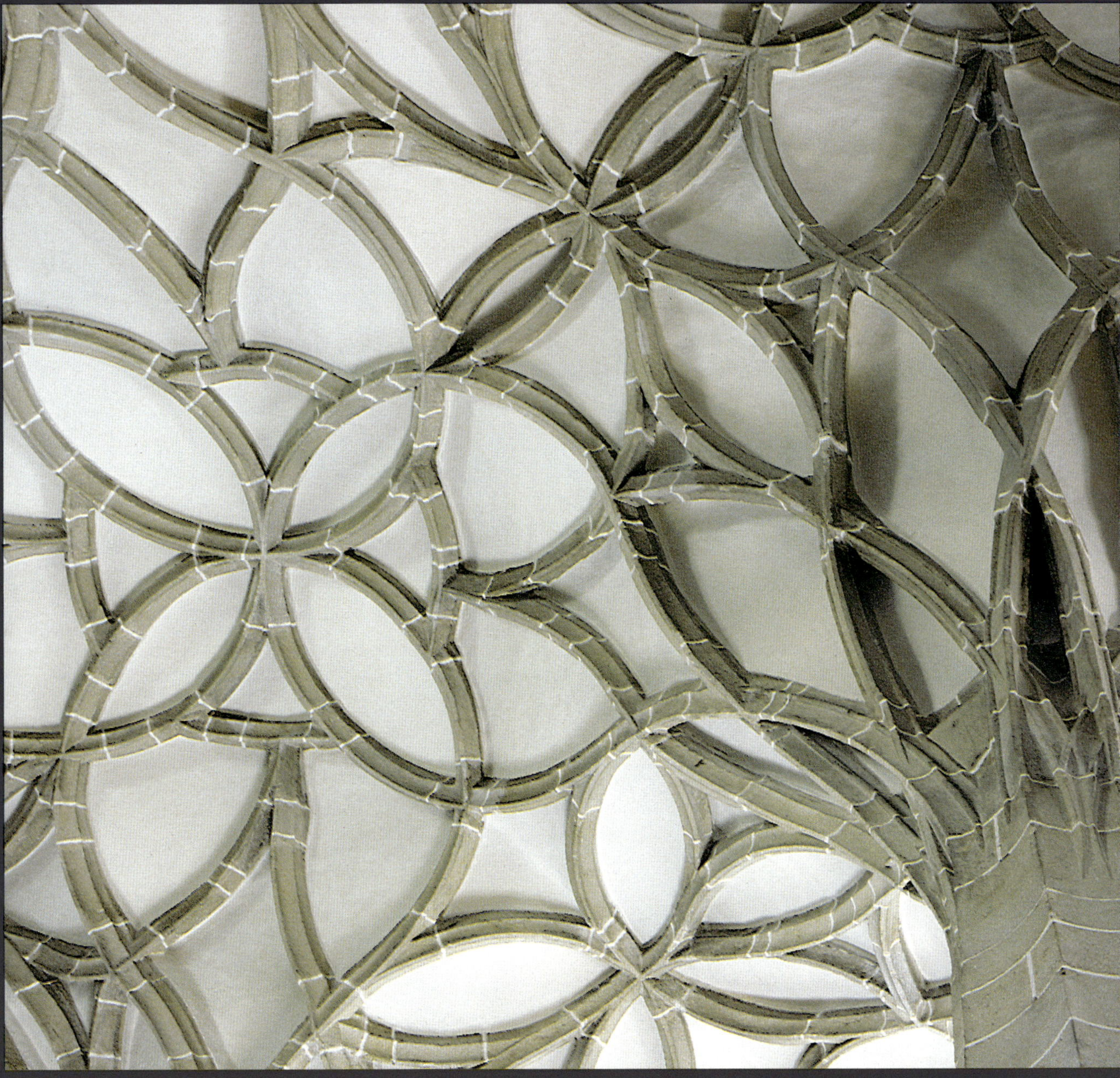

19 Königswiesen, Schlingrippengewölbe

20

21

20 Aus dem Jahre 1612 stammt dieses Sakramentshäuschen der Marktkirche Waldhausen.
Da mit dem Konzil zu Trient (letzte Sitzung 1563) die Aufbewahrung geweihter Hostien nur mehr am Hauptaltar erlaubt war, bedurfte es daher für die rituelle Verwendung eines Sakramentshäuschens eines päpstlichen Erlaubnisschreibens.

21 Pfarrkirche Schenkenfelden, Altartisch (Entwurf: Peter Dimmel, 1968)

22 Stiftskirche Zwettl, Fassade

23 Auf einem Findling, dem sogenannten „heiligen Stein", steht nun wieder das Gnadenbild der beliebten südböhmischen Wallfahrtskirche Maria Schnee bei Rychnov nam Malsi.

24 Die Steinkapelle in Wienau bei Weitersfelden ist in jeder Hinsicht ein Unikum: Der Werkstoff Granit dient hier nicht nur als Mauerwerk, sondern auch als Dach sowie zur plastischen Ausgestaltung des Inneren.
Die Künstler dieser Kapelle waren Bauern.
Der Skulpturenschmuck mutet geradezu archaisch an.

23

24

25

25 Wienau bei Weitersfelden, Bauernhof, Innenansicht

26 Wienau bei Weitersfelden, Steinkapelle, Innenansicht, Decke

26

27 Reichenau i. M., Pfarrhof, Eingang

28 St. Leonhard bei Freistadt, Gasthaus Schwarz

29 Wienau bei Weitersfelden, Hoftor

27

28

Hoisn-Hof

30

30 Rohrbach bei Reichenau, Gehöft

31 Schild bei Schenkenfelden, Stein-/Kalkmauerwerk

31

32

32 Pfarrkirche St. Oswald bei Freistadt. Im Zuge einer Restaurierung wurde der Außenputz entfernt und das Bruchsteinmauerwerk mit den eingestreuten Quadern wieder freigelegt.

33 Habruck bei Reichenau i. M., Bauernhof

33

34 Schloß Riedegg, Pferdestiege

35 Burgruine Wittinghausen. Wittigo von Krumau (1220–1277) gilt als Bauherr dieser auf einem 1032 Meter hohen Felsen errichteten Anlage, der Adalbert Stifter auch ein literarisches Denkmal (im Roman „Witiko" und in der Erzählung „Der Hochwald") setzte.

36 Das alte Böhmertor bildet die Nordeinfahrt im mittelalterlichen Befestigungsgürtel von Freistadt. Während das Buckelquaderwerk des Fundaments noch ins 13. Jahrhundert datiert, stammt der Torbau selbst aus den Jahren 1483 und 1485.

37 

 38

37 Rosenberg/Moldau, Schloßbrunnen

38 Der 1589 datierte Ziehbrunnen in Schloß Weinberg erinnert noch an den Renaissance-Bauherren Hans Wilhelm von Zelking. Die einfache Brunnenhalbschale steht in spannungsreichem Kontrast zum technisch aufwendigen Räderwerk des Brunnens.

39

40

39 Windhaag bei Freistadt, Nepomuk im Zentrum einer Pestsäule (1731)

40 Lasberg, Nepomuk-Standbild (1735)

41

42

43

41 Putzleinsdorf, Pranger (1580)
42 Mauthausen, Pranger (1583)
43 bei Königswiesen, Bildstock (14. Jahrhundert?)
44 Niederwaldkirchen, Bildstock (15.Jahrhundert)
45 Leopoldschlag, Bildstock (1869)
46 Bad Zell, moderner Bildstock (Entwurf: Prof. Josef Primetzhofer, 1983)

44

45

46

48

47 Ruine Reichenau, Stiege

48 Mehr als nur kunsthandwerkliche Spielerei ist diese von einem Steinmetz angefertigte Kette aus Granit (OÖ. Landesmuseum).

49 Kanonenkugeln

49

50 Das „Götz-Zitat“ in Stein eingehauen? Bis in unsere Tage unzensuriert blieb dieser mittelalterliche Wasserspeier (Trutzfigur) auf der Burg Neuhaus, die in ihrer Ausrichtung nach Osten die Haltung des Burgherrn gegenüber dem Haus Habsburg zum Ausdruck bringen sollte.

51 Kleinzell, Brunnen

52 Eine drollige Umformung hat das beliebte heraldische Löwensymbol am Stiftsbrunnen von Schlägl erfahren (1623) .

50

51

53 Granitplastik, Gusen

54 Hl. Florian an der Donaubrücke in Aschach

53

54

55

55 Bau der VOEST-Brücke in Linz (errichtet zwischen 1970 und 1972)

56 Versetzen von Granit-Randsteinen

56

58

57 Grabstele eines Ehepaares mit Pferdehalter (OÖ. Landesmuseum). Das aus dem späten dritten nachchristlichen Jahrhundert stammende Relief erinnert an eine im römerzeitlichen Linz (Lentia) stationierte Reitertruppe. Der Stein war lange Zeit in der Vorhofmauer des Linzer Schlosses eingemauert.

58 Ehemaliges KZ Mauthausen, Mahnmal Niederlande (Jacob Zadok-Blok, 1986)

OBER-
ÖSTERREICH